AF464989

RÉFLEXIONS

SUR LA NOUVELLE MACHINE A PLONGER,

APPELÉE

TRITON,

INVENTÉE PAR M. FRÉDÉRIC DE DRIEBERG;

PAR D. F. KOREFF.

RÉFLEXIONS

SUR LA NOUVELLE MACHINE A PLONGER,

APPELÉE

TRITON,

INVENTÉE PAR M. FRÉDERIC DE DRIEBERG;

PAR D. F. KOREFF.

PARIS,

IMPRIMERIE DE J. B. SAJOU, RUE DE LA HARPE, N.° 11.

M. DCCC. XI.

A MONSIEUR LE COMTE

DE GOLOWKIN.

Si ces lignes excitent quelque intérêt, c'est à vous que je le dois. Vous avez prêté le charme de votre style au récit de quelques faits que j'ai rassemblés, et à des pensées qu'ils ont fait naître en moi. Il est si doux de vous devoir quelque chose, que je serois bien ingrat si je profitois, en gardant le silence, de votre amitié et de votre rare modestie.

KOREFF.

RÉFLEXIONS

SUR LA NOUVELLE MACHINE A PLONGER,

APPELÉE

TRITON.

L'homme, composé de tous les élémens, vit avec eux dans un combat perpétuel. Toujours leur dominateur ou leur proie, sa destinée est de ne pouvoir trouver de milieu entre ces deux extrêmes. L'homme ne sauroit conclure de traité avec les élémens, car ce sont des puissances aveugles, esclaves à leur tour des lois irrévocables de la nécessité. Il faut donc que, pour les surprendre, il employe la ruse, et que pour les subjuguer il commence par se rendre maître de leur secret. C'est toujours la victoire de Dalila sur Samson, c'est toujours le triomphe de l'esclave sur un maître qui s'est trahi. Le tableau de ce combat perpétuel, c'est l'Histoire; et la puissance de l'Européen civilisé sur le stupide Californien, est la preuve de ce que l'homme peut s'en promettre.

Le butin qu'il a fait sur les élémens, et que lui valut jusqu'ici son activité, est immense. Ils sont innombrables les secrets que son ingénieuse curiosité sut arracher à la nature, et dont il se sert pour étendre la domination sans bornes à laquelle il aspire; mais, à chaque conquête qu'il fait, il se retrouve en présence de l'infini; et ce qu'il vient d'obtenir, n'est jamais à comparer avec ce qui lui restera à conquérir, tant que sa sagacité n'aura point établi l'équilibre entre ses foibles moyens et les forces gigantesques de la nature. Déja la terre nous a livré le fer, et c'est avec ce fer que nous l'obligeons à être féconde. Les forêts se sont abaissées sous les pas de nos troupeaux, et nous les avons transformées en maisons et en vaisseaux. L'aimant, à peine découvert, nous a révélé l'existence de mondes nouveaux. La mer voit expirer sa colère au pied de nos digues menaçantes. Notre ruse a triomphé du feu, et l'élément terrible semblable au géant de la fable obéit au pouvoir magique d'un pygmée. La foudre elle-même ne roule plus à son gré dans les nues; telle qu'un ruisseau captif, elle serpente dans les airs sous la direction d'une aiguille audacieuse; le vent enfin, ce symbole d'une liberté éternelle et sans frein, le vent aussi est au nombre de nos esclaves, et tandis que nous sommeillons, rivalisant avec les torrens suspendus, fait mouvoir les machines confiées à leur docilité. Mais qu'un orgueil prématuré n'arrête pas notre marche triomphale. Il nous reste trop à faire pour songer au repos. L'Européen ne doit pas s'assimiler au lâche Asiatique qui, soumis à la triste influence d'une inertie héréditaire, refuse de faire un pas de plus que ses ayeux. Aussi la raison, d'accord avec l'histoire, prophétise-t-elle que le joug de l'Européen sera le prix de sa lâcheté. Suivons donc notre gloire, et redoublons d'activité.

Déja nous paroissons à la veille d'entrer en partage de l'empire des airs; mais les ailes nous manquent, et nos succès se bornent à y flotter un moment à la merci des courans aériens. Déja nous régnons sur les eaux; la mer obéissante porte notre commerce et nos batailles; mais elle nous exclut encore de son sein; à peine nous accorde-t-elle pour quelques minutes l'entrée de ses parvis, et punit de mort les retards d'un curieux. On cite comme un prodige Nicolas Pescecola qui parvenoit à rester trois quarts d'heure sous les flots (1), mais que Carybde et Scylla

(1) Athanas. Kircheri Mundus subterraneus, Tom. I, pag. 79.

jalouses de leurs secrets ont englouti. L'Océan indompté se rit de nos essais, et, lorsqu'il est parvenu à submerger nos vaisseaux et nos villes, ne craint pas que nous le forcions à lâcher sa proie. Cachant dans son sein la moitié des richesses et des mystères de la nature, il semble s'applaudir d'être la grande lacune du système universel que l'homme cherche à établir, et, retenant dans ses gouffres une majeure partie des trésors du passé, ne craint pas que nous le forcions à en restituer les restes. La dernière classe des créatures, le dernier anneau de la chaîne des êtres, le poisson muet, plonge et replonge en présence de l'homme qui, enchaîné au rivage avec sa science et son ambition, n'ose aller partager avec lui les demeures transparentes de Thétis. C'est la plus ancienne des contrariétés qu'éprouva l'homme; c'est celle qui devoit le plus fortement stimuler son génie; c'est celle à laquelle depuis sa plus tendre jeunesse l'inventeur du Triton s'est attaché. Après mille recherches inutiles, mille essais infructueux, il a réussi enfin à inventer une machine qui met les hommes en état d'exister pour un temps sous l'eau, et d'y agir aussi librement que sur la terre. Du moyen aux effets il n'est qu'un pas; qu'on me permette d'en jouir un moment en idée.

Il n'est personne qui, à l'aspect de la Grèce et de l'Italie submergées par l'Océan des âges, n'éprouve un sentiment mélancolique d'autant plus profond, que les débris de ce naufrage immense ne sont propres qu'à renouveller sans cesse nos regrets. Ces débris si rares, si épars, ont quelque chose de sacré. Ils sont pour la science ce que les reliques sont pour la piété, et leur influence sur les esprits d'un certain ordre n'est peut-être pas au dessous du respect que les dépouilles des martyrs obtiennent du Chrétien. Ces fragmens classiques, grâce au sens devinatoire dont leur aspect semble nous douer, ont appris à reconstruire le colosse de l'antiquité. Les membres qui en sont restés servent à imaginer ceux qui nous manquent, et à nous faire voir ce que nous n'avons pas vu. Notre génie s'est agrandi de ces nobles illusions, et nos foibles lumières sont ressorties vives et brillantes de la poudre des tombeaux. Ainsi la poussière d'un diamant sert à en polir un autre, et voilà pourquoi l'étude de l'antiquité est devenue si honorable parmi les nations civilisées, et jouit parmi elles d'une protection universelle; voilà pourquoi le fer de l'agriculteur n'élabore pas plus assidument la surface de la terre pour en faire sortir les moissons prochaines, que celui de l'antiquaire ne fouille ses entrailles pour en faire ressortir les moissons passées; voilà pourquoi une statue, qui fut la récompense d'une victoire presqu'oubliée, fait aujourd'hui le plus bel ornement de nos palais, et devient la plus noble récompense d'un triomphe nouveau; voilà pourquoi nos sages, semblables à ceux de l'Egypte, descendant dans les tombeaux où gissent Herculanum et Pompeïa, vont étudier dans la cendre des siécles, et, poussés par un saint enthousiasme dans la sphère des morts, ramènent du bûcher le Phénix destiné à éclairer celle des vivans; voilà pourquoi enfin tout prince, qui tend une main généreuse aux ombres des anciens maîtres de la terre, obtient à son tour l'immortalité.

Au moyen de la machine que M. de Drieberg vient d'inventer on arrachera plus de monumens à l'oubli, qu'on n'a pu le faire jusqu'ici avec les plus grands sacrifices d'argent et de temps. Pour n'en pas douter, il suffit de songer au Tibre. Je ne parle pas seulement de ses débordemens, des palais dégradés, des chef-d'œuvres entraînés par le gonflement de ses flots (2), même après qu'Auguste en eut détourné le cours (3), bien que cette circonstance ajoute à l'espoir des découvertes (4), mais ma mémoire est frappée des sept dévastations de la capitale de l'Empire par les Bar-

---

(2) Gibbon. Trad. de Maradan. T. XVIII.

(3) Orosii Hist. L. 4, c. 11, p. 244; éd. Havercamp.

(4) Ann. de Muratori. Inondations modernes du Tibre; 1530-57-98.

bares. Qu'on se souvienne de ces hordes terribles, plus amoureuses encore de la destruction que du pillage, plus âpres à la vengeance qu'à la conquête, qui se faisoient un jeu de briser tout ce qu'elles ne pouvoient emporter, et qui, après avoir enlevé l'or et les pierres précieuses, ne voulurent pas qu'il restât de quoi orner les funérailles de la Reine du Monde. Tous les auteurs contemporains attestent leur rage; et, quand leur témoignage nous manqueroit, ne savons-nous pas quelle ardeur les Barbares de tous les siécles et de tous les pays mirent à la destruction? Cependant ici ce ne furent pas les hordes septentrionales seules qui condamnèrent les statues et les autels à l'oubli des flots; la guerre, aussi barbare qu'elles, força les Romains à les y jeter. Quand Bélisaire se vit assiégé dans le mausolée d'Adrien, quand le tombeau d'un empereur étoit le dernier rempart de l'Empire, ce grand homme, privé de toute autre ressource, fut obligé de se défendre pendant quinze jours avec les statues qui ornoient ce pompeux édifice (5). Les chef-d'œuvres de Praxitèle et de Lysippe rouloient

(5) Winkelmann. Hist. de l'Art. T. II, p. 52, 53. T. III, p. 265. — Procope. L. I, c. 25.

du haut des murailles; le marbre où se trouvoit attaché le sceau immortel du génie n'étoit plus, aux yeux du guerrier, qu'une pierre vulgaire; et tant d'objets, destinés à perpétuer et à embellir la vie, ne furent plus dans ses mains sanglantes que des instrumens de mort. Le Tibre reçut dans ses bras paternels les Dieux et les Héros du rivage; et, tandis que Barbares et Romains fouloient aux pieds la gloire de Rome, lui seul se chargea de ses souvenirs. Au neuvième et dixième siècles, époque de la barbarie chrétienne, les Iconoclastes portèrent au fleuve de nouvelles dépouilles. Plusieurs papes, Grégoire dit le Grand entre autres, enflammés d'une vaine indignation, s'approchèrent en procession de ses bords, et lui remirent ce qui avoit échappé aux vainqueurs et aux vaincus (6). Ah! sans doute, il garde à toutes ces richesses la même fidélité. Ses ondes glissent doucement sur tant de formes enchanteresses; et, après les avoir si longtemps caressées au fond d'un lit mystérieux, il les livrera au mortel qui, digne d'en jouir à son tour, ira jusqu'entre ses bras les lui redemander. Le peuple de Rome dit encore aujourd'hui, à l'aspect des

---

(6) Volaterranus Anthropol. L. XXII.

débordemens du Tibre, que ce sont les statues qui le forcent à sortir de son lit; heureuse et naïve tradition, qui, en cherchant à expliquer la crûe des eaux, auroit dû enhardir le Romain à reconquérir de quoi peupler le désert où il languit.

Les beaux-arts ne fleurissoient pas seulement à Rome : Rome n'avoit pas seule été dotée par le peuple-roi; aussi ne fut-elle pas seule dévastée par les Barbares. On sait que partout où les Romains portoient leurs pas, le luxe asiatique y marchoit à leur suite. Leurs goûts et leurs fantaisies n'admettoient pas d'obstacles. Aucun bloc n'étoit assez lourd pour qu'on l'abandonnât au fond de la carrière : aucun bois ne sembloit assez rare pour ne pas l'employer à tous les meubles : quelqu'éloignés que fussent le rubis et la perle, on ne renonçoit pas au désir d'en faire hommage à la beauté : et, de même que chaque province de la Perse étoit obligée jadis de fournir une jouissance à son roi, chaque province du monde connu payoit un tribut au luxe des Romains. Ce furent ces tributs apportés de toute part qui dénaturèrent en peu d'années le grand caractère auquel le monde s'étoit soumis, et qui entraînèrent les Romains, nouveaux Sybarites, à se créer des difficultés pour le plaisir d'en triompher; à chercher, dans ces triomphes d'un genre nouveau, de nouveaux désirs et de nouvelles jouissances, et à lutter avec l'impossibilité, dans l'espoir de rencontrer encore quelque réalité. Les raffinemens outrés se manifestèrent jusques dans l'architecture; et cet art sévère, dont les principes sembloient invariables, se soumit ainsi que le coloris des peintres et la pourpre des tuniques aux fantaisies des maîtres du monde. Ils finirent par s'ennuyer du sol, antique siége de leur gloire et de leur magnificence. Tout avoit plié; et, faute de résistance, l'enchantement avoit cessé. La mer cependant, l'orageuse mer, présentoit une lutte nouvelle et un autre colosse à enchaîner, et c'est ce qui décida les Romains à fonder sur ses rivages un despotisme nouveau. Neptune se soumit à son tour; et les ondes méditerranées, libres jusqu'alors, se laissèrent entourer de murailles. Des jetées orgueilleuses s'établirent dans leur sein, et les flots vinrent en murmurant expirer au pied de la colonne corinthienne. C'est à ce superbe caprice que Baïes dut sa naissance; Baïes, le magnifique rendez-vous des plaisirs et de la volupté, des riches et des beaux esprits de Rome, le refuge de l'oisiveté et des tyrans désarmés; Baïes dont Horace dit :

Nullus in orbe sinus Baiis prælucet amœnis.

Baïes que vante ainsi Virgile :

> Hic ver assiduum atque alienis mensibus æslas
> Bis grande pecudes, bis pomis utilis arbor.

Baïes dont le critique Martial est forcé d'avouer,

> Littus beatæ Veneris aureum Baïas
> Baïas superbæ, blandæ dona naturæ,
> Ut mille laudem, Flacce, versibus Baïas.

Baïes que Sénèque le philosophe célèbre jusques dans sa colère (7), dont le grand Pompée, dont César et Hortensius faisoient leurs délices (8); Baïes enfin qui brille encore de ses ruines, et dont les rivages jadis surchargés de trésors et peuplés de chef-d'œuvres semblent encore le séjour des arts et de la volupté. Ses environs répondoient à cette splendeur enivrante. Ici étoit la maison de Pison, où le farouche Néron, touché sans doute de la beauté du lieu et frappé de tant de magnificence, déposoit la crainte et les soupçons. Lucullus, que le prodigue Pompée nomma le Xerxès Romain (9),

(7) Epistol. 51, 55.
(8) Varro R. R. Lib. 3, cap. 17, §. 5.
(9) Plinii H. N. IX. 54. — Plutarchi, vit. Luculli, p. 193; ed. B. — Paterculi, lib. II, c. 33.

Lucullus avoit ici plusieurs demeures, dont l'une au Promontoire de Pausilippe, l'autre au lac Agnano, et la troisième plus voisine de Baïes au Promontoire de Misène. Les édifices de la dernière étoient très-vastes et s'étendoient fort loin dans la mer; c'est ce qu'attestent encore aujourd'hui ses ruines prolongées (10). Baïes offre de même celles des bains de Néron, qu'on peut suivre jusques dans la profondeur de l'eau, et qui annoncent encore aux curieux quels ouvrages on s'étoit plû à y rassembler. Le goût passionné que ce lieu, baigné par la mer, avoit inspiré aux Romains, nous avertiroit (11) assez, si nous ne le savions d'ailleurs, que ce n'étoit pas seulement ici que son voisinage les avoit attirés. Cicéron avoit suivi l'exemple de ses contemporains; ses maisons de campagne étoient situées, l'une sur le rivage près de Puteoli, l'autre nommée Cumanum sur le lac Lucrin. Il y passoit, ainsi qu'à Tusculum, ses jours les plus sereins. Ici son œil se reposoit sur des chef-d'œuvres de la Grèce; là son ame, en présence des flots agités, oublioit les tem-

---

(10) Winkelmann. Nachricht von den Neusten Hercul. Endeck. §. 23. — S. Non, Voy. pitt. de Naples. T. 1, part. 2, p. 219.

(11) Stat. Silv. II. 2, 13.

pêtes de Rome. Ici il méditoit les philosophes et les poètes grecs; là il procréoit ces ouvrages sublimes dont une si grande partie est perdue pour nous. Peut-être que, soigneusement renfermés dans des caisses de métal, ils bravent encore non loin de là des flots si longtemps bravés, et attendent le jour où ils porteront au tribunal de la postérité le complément de sa réputation. Ah! si après vingt siècles, nous tentons encore d'arracher aux flammes du Vésuve tant d'insignifians manuscrits, pourquoi ne forcerions-nous pas les flots de la Méditerranée à rendre ce qui nous manque de la gloire de Cicéron? Pline eut, ainsi que lui, plusieurs habitations au bord de la mer, telles que son Laurentinum (12); d'autres s'élevoient dans la Haute Italie au bord du lac Larius, aujourd'hui le lac de Côme. Il nous apprend comment il pêchoit à la ligne depuis sa fenêtre, et ces lieux-là ne nous promettent pas moins que ceux qu'illustra par sa présence le Prince des orateurs (13). Mais la plus

(12) Plinii Epist. L. II, Ep. 17, §. 27. L. IX, Ep. 7.

(13) Ouvrages de Scamozzi. — Félibien, Plans et Descript. des deux Maisons de camp. de Pline; Paris, 1699. — Délices des Maisons de camp. app. de Laurentin et la Maison de Toscane; Amst. 1736. — The villas of ancient, illustrated by Rob. Castell. London, 1728, fol.

grande récolte de monumens se feroit sans doute au dessous des douze palais de Caprée (14), où tout ce qui est capable de réveiller des sens émoussés et de relever une ame flétrie fut réuni par Tibère. Qu'on se rappelle la puissance sans bornes d'un Empereur romain, et l'univers rassemblant sur un point ce que la crainte et la bassesse peuvent inventer de tributs; qu'on relise la description de Tacite; qu'on examine les choses précieuses découvertes parmi ces ruines; qu'on étudie ce que les voyageurs modernes nous en disent, et alors on ne doutera pas que sous les rivages escarpés de cette île, et principalement à sa partie orientale où la plupart des palais étoient comme suspendus sur les flots, on ne retrouve des trésors considérables. Caligula (15) qui, dans ses entreprises de tout genre, n'espéroit d'immortalité que celle que procure la folie, choisit pour ses palais les endroits où la mer étoit la plus profonde et se montroit la moins docile. Il réussit à étonner encore le monde; mais les Barbares vengèrent bientôt la mer de cette domination nouvelle; et elle-même, achevant leur ouvrage, en

(14) Tacit. Annal. IV, 67. — Norbert Hadrawa Briefe über Capri.

(15) Suétone.

effaça jusqu'aux moindres vestiges. Mais que de marbres, que de bronzes réunis dans un seul gouffre attestent l'immortelle bizarrerie de Caligula! Tels sont les restes magnifiques de l'Empire, livrés par le temps, la guerre et les hommes, aux mers et aux fleuves de l'Italie. Quel spectacle imposant ne seroit pas pour l'univers moderne, l'apparition subite des trésors et des tributs du vieil univers!

Mais d'autres ruines non moins pompeuses, non moins célèbres, appellent ailleurs notre attention et réveillent notre intérêt par des souvenirs non moins puissans. Ce sont celles qui décorent tous les rivages de la Grèce, et qui, en général moins cachées que les autres, semblent implorer un bras assez puissant pour les retirer des flots. Et pourquoi ne visiterions-nous pas dans leurs tombeaux flottans les villes d'Achaïa, Hélice et de Bura englouties en 368 avant J. C. (16)? Une mer de lave avoit submergé Herculanum et Pompeïa; quelques souvenirs antiques parloient en leur faveur, mais rien n'indiquoit assez positivement leur situation. Ainsi qu'un siécle nouveau se place sur la tombe d'un siécle passé, une cité nouvelle

(16) Strabon. L. VIII, p. 384. — Pline. L. I, c. 92. L. IV, c. 5.

fleurissoit au dessus de la ville d'Hercule; et l'habitant de cette cité, toujours occupé à l'embellir, étoit loin de penser qu'ensevelie en un seul tombeau de lave, toute une génération attendoit sous ses pieds le retour de la lumière. Cependant un soupçon lui suffit. La grandeur du travail ne lui parut pas un obstacle : la couche volcanique fut percée, et la lumière des Cieux éclaira tout-à-coup ce grand fantôme national. L'onde mobile sera moins difficile à rendre aujourd'hui que les laves amoncelées; un nouvel Herculanum, une nouvelle Pompeïa ouvriront leurs portes au voyageur des abîmes.

Les citations seroient sans nombre, si l'on nommoit chaque lieu où la voix de l'histoire et l'écho des ruines nous appellent. L'inspection de ces lieux, jointe aux notions de la géographie ancienne, fourniroit à des recherches aussi importantes que faciles les indices nécessaires. Quittons donc la Grèce et l'Italie, et jetons quelques regards sur des plages tout aussi riches mais moins célèbres; et, comme les bornes que nous donnons à ce mémoire sont trop étroites pour les examiner toutes, abandonnons la France, l'Espagne et le Portugal au sentiment patriotique que font naître des contrées aussi célèbres à des hommes aussi éclairés que ceux qui les habitent.

Aussitôt que Genséric, roi des Vandales, eut pillé Rome,

il ordonna de transporter dans ses états les richesses de toute espèce que la victoire venoit de lui assurer. Tous ses vaisseaux arrivèrent à leur destination. Un seul d'entre eux fit naufrage aux côtes de l'Afrique, et dans des parages que les historiens nous désignent de la manière la plus précise (17); et ce vaisseau-là étoit celui qu'on avoit chargé des dépouilles du Capitole. L'antique Capitole n'étoit plus le sanctuaire du maître des Dieux, mais on y admiroit encore les offrandes de la superstition et les tributs des arts. Sous ces portiques, encore peuplés de statues, les Romains asservis venoient se consoler de leur abaissement. Sous le toit d'or qu'avoit habité Jupiter brilloient encore les trophées de Titus; ses autels délaissés s'énorgueillissoient des dépouilles du temple de Jérusalem (18), et les dons offerts pendant longtemps au Dieu Fort étoient encore accumulés aux pieds des faux Dieux. Ici se voyoit la table d'or, là brilloit le chandelier aux sept bras; mais tout ce qui,

(17) Gibbon. T. VIII, chap. 26. — Procope. De Bello Vandalico. L. 3.

(18) Tract. de Spoliis Templi Hierosolymitani in arcu Titiano, Romæ conspicuis, d'Adrien Reland. Trajecti ad Rhenum, 1716.

jusqu'à ce jour, avoit été sacré pour les différens peuples, se confondit et disparut sous la main sacrilége de Genséric. Le Capitole ne fut plus qu'un désert; un vaisseau devint dépositaire de ce que l'univers avoit de plus précieux et de plus révéré; mais la mer vengea les hommes et les Dieux, le vaisseau fut englouti, le Vandale perdit sa proie, et les Dieux de Rome et les trésors de Salomon gissent encore sous les rochers du Maure. Non loin de là, sous les flots qui baignent la Sicile, repose de même une flotte entière. Constantin Pogonat l'avoit fait charger de ce que Rome, toujours pillée et jamais épuisée, conservoit encore. Une autre tempête déjoua l'avarice d'un autre brigand, et Neptune vengeur parut avoir survécu à tous les Dieux.

Mais la mer ne doit pas toutes ses richesses à la cupidité, à l'audace ou à l'imprudence des mortels. Ses usurpations l'emportent de beaucoup sur celles qu'elle a punies. Le détroit de Gibraltar, antique monument des colères de l'Océan, recèle dans ses flancs une des preuves principales de cette vérité. Plusieurs îles s'élevoient autrefois du milieu de ses flots. Elles ont disparu, mais elles ne sont pas détruites. Une marée très basse fit en 1748 apparoître le fameux temple d'Hercule

Gaditan (19). Les habitans des côtes voisines l'aperçurent entre Cadix et l'île, et l'on réussit même à en retirer quelques fragmens d'une belle conservation. Ce seroit une partie de plaisir plutôt qu'une grande tentative, que d'aller au moyen de la machine nouvelle visiter la demeure du demi-Dieu qui, après avoir offert d'une extrémité du monde à l'autre, le secours de son bras protecteur, et dressé si loin ses colonnes, n'a pu les protéger contre la mer. Elle couvre non-seulement le temple d'Hercule, mais toutes les constructions environnantes. Jean Conduit, qui a examiné avec une grande application et décrit d'une manière lumineuse les changemens qu'ont subi les côtes du détroit, nous prouve qu'elle a envahi la plus grande partie de la contrée où se trouvoit la ville de Mellaria (20); et que plus avant, dans le golfe même de Gibraltar, où les courans sont moins violens et les marées moins fortes, elle a englouti l'ancienne Carteja. A trois lieues à l'est de Tariffa, au bord du détroit, existoit Belon, et l'on retrouve encore assez loin du rivage des vestiges de rues et de grandes places qui prouvent

(19) Flora Espagn. Sagrada. T. IV. Trat. 2, c. 1.

(20) Itinerar. Antonini, voce Mellaria. Ed. Dess. — Hist. de Gibraltar, por Ignacio Lopez de Ayala. L. I, p. 77.

que la partie submergée est cellé qui existoit entre la ville et les remparts. Thomas James (21) raconte qu'un tremblement de terre ensevelit la plus grande partie de l'île de Calès qui se trouvoit à l'embouchure du Betis, et que la ville située sur la côte espagnole près de Tariffa, ainsi que les îles qui se trouvoient en face, et le rocher des perles qui lui-même étoit une île, et n'a que douze pieds d'eau dans les basses marées, disparurent en même temps. Il cite une semblable révolution de 507 de Rome qui acheva de faire disparoître le reste de l'île de Calès. La plus grande partie des Leucades périrent de même. Strabon, pendant son voyage d'Egypte, vit le mont Casius séparé du Continent par la mer et devenu une île autour de laquelle on naviguoit pour se rendre dans la Phénicie. L'an 1446, plus de deux cents bourgs de la Frise et de la Zélande disparurent: leurs clochers, leurs principaux édifices viennent à travers les basses eaux rappeler ce grand désastre. La Baltique a de son coté fait des conquêtes sur la Poméranie; et le port de Vineta, si célèbre dans l'histoire des pirates du Nord, n'existe plus. Les forts élevés par les Romains aux environs de la mer

---

(21) Hist. of the Heruleau straits. T. II, p. 410. London, 1771.

Germanique ont disparu avec les rivages qu'ils devoient défendre, mais reparoissent encore quelquefois près de l'île de Helgolandt et près du Catt en Hollande (22).

S'il est des plages intéressantes pour les antiquaires, il en est de bien plus importantes pour les gouvernemens. Qu'ils se souviennent du malheureux Montezuma, que Cortès livra aux tortures, dans l'espoir d'apprendre l'endroit du lac où il avoit jeté ses trésors. Le fier monarque mourut sans se plaindre ni se trahir; et, pour s'emparer de ces fameux trésors, il ne faut aujourd'hui ni le crime d'un conquérant, ni le supplice d'un roi. Il suffira d'examiner quels lieux par leur situation étoient les plus propres à les faire disparoître, et l'on ne sauroit imaginer d'obstacle assez considérable pour s'opposer à la réussite d'une entreprise si simple et si raisonnable. Qu'ils se souviennent du temple du soleil au Pérou. Cet antique monument de la puissance des Incas étoit situé près d'un lac que tous les habitans connoissent. On désigne encore très-exactement la place qu'occupoit le temple sur ses bords. On sait qu'à l'approche de Pizarre les Péruviens y jetèrent non-seulement leurs richesses, mais tout ce

---

(22) Buffon. T. II, éd. in-12.

que le temple renfermoit de rare et de précieux. Ainsi que l'astre dont il étoit le symbole, le soleil gigantesque d'or massif qui en faisoit le principal ornement, se coucha dans les flots du lac. Peut-être, toujours symbolique, attend-il, pour se relever, l'époque d'une administration libérale qui, faisant succéder aux longues ténèbres des mines, la lumière des arts, rappelle aux Péruviens le bonheur de leurs ayeux et le gouvernement paternel des Incas.

Il est assez remarquable qu'en tout temps et partout, l'eau fut le dernier confident des hommes; que barbares ou civilisés, ils virent toujours dans le fond de cet élément un dernier asile pour tout ce que la destinée alloit leur enlever : il leur paroît sans doute un abîme sans retour, et dont pour la fidélité les entrailles de la terre sont loin d'approcher. Peut-être aussi que les forces qu'il nous prête, pour reprendre ce que nous le chargeons de cacher, sont la cause d'une confiance aussi générale. De même que le timide Péruvien avoit eu recours à son lac, pour dérober au pouvoir des Espagnols les objets consacrés par un culte antique et une antique possession, le Sarrasin fanatique avoit précipité dans l'Hellespont ce que des siécles, ennoblis par les Muses, avoient produit et rassemblé dans Byzance. Quand on songe que la Grèce et l'Italie, l'Orient et l'Occident, avoient été dépouillés pour doter la nouvelle Rome; quand on songe à la haine aveugle des Turcs contre toute image peinte ou taillée; si l'on calcule que le pillage de Constantinople ne dura que quelques jours, et que cependant il n'y resta rien, on acquiert la plus intime conviction, fortifiée par le rapport unanime des contemporains, que ce prodigieux assemblage de monumens est encore à peu de chose près, à quelques toises du rivage, et qu'il n'en coûteroit en fait de recherches que quelques semaines, et en fait de travaux que peu d'années, pour retrouver ces débris sublimes, et les replacer sur une terre aussitôt régénérée par la présence de ses anciens Pénates. Que les flots où périrent Héro et Léandre, qui deux fois livrèrent l'Europe à l'Asie, qui transportèrent l'étendard de Mahomet sur les autels du Christ, que ces flots toujours funestes s'ouvrent donc enfin! Que les siécles, encore tout chargés de merveilles, en ressortent à la fois! Que les arts, les sciences trop longtemps endormis sur d'humides décombres, reprennent sous ce beau ciel leur empire! Que les oracles s'accomplissent, que les Barbares disparoissent! Qu'à l'aspect de ses temples et de ses héros l'Hellespont rappelle les Muses et la liberté! En songeant à une révolution si grande et pourtant si probable, l'ame s'élève, le cœur palpite, et cette invention modeste dont nous parlons, cette machine si humble dans sa structure, si simple dans ses effets, mais si grande peut-être dans ses résultats, acquiert aux yeux les moins prévenus un caractère sacré.

Mais c'est assez convoiter l'héritage des siècles, c'est assez s'occuper de la gloire du nôtre. Bornons un moment cette invention, si certaine d'y contribuer, aux intérêts journaliers de la société; et, désormais grâce à elle, monarques de l'onde, commençons par être utiles à nos semblables.

Appliquons d'abord ses avantages à la marine. Des milliers de vaisseaux se brisent sur les écueils, ou s'engravent dans les sables, et, faute d'y pouvoir parvenir, leurs cargaisons et leurs agrêts se perdent avec eux. La simple chronique des gallions qui ont péri depuis la découverte du Nouveau-Monde, nous indiqueroit des trésors. Que de millions en métal, que de millions en matériaux ont disparu presqu'à l'entrée de nos ports! Les vaisseaux, et tous les marins l'attesteront, les vaisseaux ne périssent que rarement là où la mer est large et profonde; et la terre, qui, dans le fort de la tempête, paroît si consolante à l'ignorant, est de tous les dangers auxquels sa fureur nous livre, le plus grand aux yeux du matelot.

Cette considération est de la plus haute importance ici, parce qu'elle double la sphère d'utilité au milieu de laquelle il s'agit d'établir la machine nouvelle. Recouvrer des débris n'est pas cependant le plus grand des divers avantages qu'elle promet à la marine : c'est lorsqu'un bâtiment, faisant eau, aura besoin d'un prompt secours, et que, pour prévenir sa perte, il faudra sur l'heure s'assurer de son état, c'est alors qu'elle prendra un caractère d'utilité bien manifeste, c'est alors qu'assurant au matelot expérimenté la possibilité d'examiner la cause du danger et celle d'y remédier, elle semblera un bienfait direct de la Providence. On lui devra de plus des notions exactes et des cartes détaillées des écueils et des bas fonds. J'ai trop peu de connoissances nautiques pour désigner exactement le nombre de cas, très-grand sans doute, auxquels on pourra l'appliquer; mais il semble qu'il suffiroit de ceux que je viens de citer pour établir son utilité parmi les gens de mer.

Je pense qu'il n'est pas sur le globe de point soumis à l'influence des eaux où elle ne se fera sentir. L'architecture hydraulique seule auroit suffi pour faire inventer une semblable machine. Qui ne connoît les difficultés qu'elle éprouve à chaque entreprise nouvelle, et les sommes qu'elle coûte à l'Etat, et les pertes habituelles de temps, d'argent et d'hommes quelquefois qui précèdent ses travaux? Et dans l'exploitation des mines, où des eaux soudaines, des eaux permanentes opposent tour-à-tour des dangers et des obstacles, quel secours n'en doit-on pas attendre? L'atmosphère pestilentiel dont elles s'entourent, et qui rappelle si naturellement ces mauvais génies que les contes populaires chargent de la garde des trésors, les exhalaisons méphytiques n'empêcheront plus le mineur d'aller se saisir d'un brillant métal jusques dans les ténèbres qui entourent son berceau : elles ne l'obligeront plus à risquer ses peines et sa vie sans atteindre au but. Les eaux qui ferment ordinairement l'accès des dernières couches ne formeront plus une barrière inexpugnable entre la curiosité de l'homme et les phénomènes qu'il veut étudier, et la certitude de la réussite précédera ses entreprises. Plus de miasmes, plus d'essais infructueux, plus d'accidens, plus d'obstacles imprévus. Au moyen d'une seule découverte, les gouvernemens auront épargné la vie des sujets toujours si précieuse, le temps toujours trop court, et les faux-frais toujours si considérables.

Il est presqu'inutile de remarquer que cette machine pourra être employée partout où les gaz méphytiques propagent la mort. Une classe entière est vouée par la misère aux dégoûts les plus affreux et aux maladies. Le prix de ce dévouement involontaire, à la vérité, mais dont toute la société profite, est la cécité, des maux cruels et une fin déplorable et prématurée. C'est donc aux gouvernemens éclairés à arracher cette classe, non à des travaux trop nécessaires, mais aux dangers qui en sont la suite, et c'est ce qu'ils pourront exécuter désormais.

Qu'ils placent aussi une ou plusieurs de ces machines sur les ponts, sur les ports et généralement dans tous les endroits où l'eau fait craindre des accidens. Qu'on en retrouve partout où leur humanité a établi des appareils pour les noyés. Si ceux-ci sont destinés à les rendre à la vie, les autres le seront à les retrouver. Que la vie des uns ne soit plus exposée pour sauver celle des autres, que l'existence d'un citoyen ne dépende plus de la générosité fortuite des passans.

S'il est parmi nous tant de mortels obligés de se sacrifier à nos besoins communs, il en est d'autres qui vont braver au loin les dangers et la mort pour satisfaire notre vanité, et qui, flottant incertains dans les angoisses d'une agonie journalière, impriment aux yeux de l'homme instruit une sorte de flétrissure aux fronts même les plus innocens. Le cœur paralysé par le luxe, par les richesses, par cette foule de superfluités qui ont pris autour de nous la place des besoins, nous jouissons sans scrupule des crimes qui se commettent pour les satisfaire, et les malheurs réels sur lesquels se fondent notre orgueil n'obtiennent pas une des larmes prodiguées aux malheurs imaginaires que nous allons chercher dans les romans. Après un tel préambule, qu'on traitera sans doute d'exagération, on demandera froidement quel crime ou quelle infortune va donc se révéler. C'est des plongeurs, destinés à nous procurer des perles, que j'ai voulu parler, et un simple narré de cette pêche funeste suffiroit pour exciter en leur faveur la commisération générale. Il suffiroit de peindre ces martyrs du luxe, remontant avec une éponge sur la bouche encore impregnée du sang qui alloit les étouffer, avec la pâleur sur le front, l'angoisse dans tous les traits, quelquefois avec un membre de moins, et souvent joignant à tant de douleurs, celle de s'y être exposés sans fruit. Mais il vaut mieux annoncer à ceux pour qui un sacrifice n'est qu'une foiblesse, que c'est particulièrement pour ces infortunés que la machine nouvelle sera un bienfait. Ils descendront à l'avenir partout où les appellera l'espoir du succès; ils respireront au fond des eaux aussi librement qu'avant d'y entrer. La lance armera l'une de leurs mains, et les défendra de la dent du requin; l'autre détachera du rocher l'huître préférée; leurs corbeilles se rempliront sans peine et sans angoisse; ils reparoîtront chargés de butin, et sans être mutilés; et l'homme instruit, l'homme sensible, verra sans frémir, sur le front des monarques ou sur le sein de la beauté, cette perle qu'auroit terni à ses yeux le sang qu'elle eût coûté.

Toujours placés entre nos besoins et nos désirs, employant tour-à-tour la force qui arrache, la ruse qui dérobe, ou la patience qui obtient, nous consacrons nos jours à d'inutiles efforts pour n'arriver qu'à d'imparfaites jouissances. Grand nombre de rivières et de ruisseaux en sont les témoins; s'aperçoit-on qu'ils charrient quelques paillettes, aussitôt la cupidité, l'œil et les reins fatigués, s'établit sur leurs bords; et l'onde, qui se joue de ses veilles, montrant et cachant tour-à-tour le trésor qui fuit avec elle, lui permet à peine d'en distraire quelques parcelles. Employons encore ici la nouvelle invention; et, puisqu'il nous faut toujours de l'or, et que tant de courans en emportent, profitons d'un moyen si simple, non-seulement de tamiser les flots, mais d'aller jusqu'à leur source chercher celle du métal qui s'échappe avec eux. Il en seroit de même de l'ambre, fruit précieux des abîmes, et que nous apportent les tempêtes, aussi recherché d'Esculape que de Plutus, dont on ignore l'origine et au sujet duquel, après de longues recherches et des raisonnemens inutiles, on a presque cessé de réfléchir.

Le Mémoire, sur lequel je serois heureux d'avoir jeté quelqu'intérêt, n'auroit pas son entier développement si les considérations qu'il a fait naître se bornoient aux avantages journaliers de la société. Une idée n'est véritablement grande que lorsque, s'emparant à la fois du passé et de l'avenir, de la nature entière et de tous les siécles, elle nous donne l'explication des anciennes énigmes, et assure à la postérité la solution des problêmes que dans sa marche triomphale la science laisse trop souvent après elle; que lorsque devenue idée mère par la quantité d'idées qu'elle fait naître, elle intéresse toute l'humanité à ses succès. La machine qui vient d'être inventée va livrer à l'homme un élément qui sembloit autorisé à ne l'admettre dans son sein ni vivant ni mort; elle va lui frayer des routes dans le fond des mers et dans le lit des fleuves; elle va lui assurer des connoissances qu'il ne se flattoit pas d'obtenir; et cette grande chaîne des élémens, dont jusqu'aujourd'hui il ne tenoit que quelques chaînons, va lui appartenir toute entière. L'histoire antique du globe jette un grand jour sur les annales antiques de ses habitans, et cette lumière se réfléchit à l'infini, d'après les lois d'une réfraction bien plus étonnante encore que celle de l'optique. Voilà pourquoi les naturalistes ont tenté les plus constans efforts pour expliquer la formation des montagnes et en tirer leur histoire. Nombre d'hypothèses ingénieuses en ont été le fruit; mais le faux et le vrai nagent encore ensemble dans le vague des opinions, parce que la mer, interrompant de toute part les chaînes des montagnes, frappe d'imperfection leurs travaux et de nullité leurs observations. Dès l'origine des sciences, ils ont senti qu'il étoit indispensable de connoître ce qu'elle nous cache, et ils ont employé toutes leurs ressources pour se procurer des notions exactes sur les propriétés de ses flots, les élévations, les abîmes et la nature de son fond, sur tant de qualités singulières et énigmatiques qui appellent et repoussent à la fois la domination du génie. On célèbre avec reconnoissance les essais de plusieurs d'entre eux, d'un Comte Marsigli qui se fit l'historien de la mer, d'un Avitalino Donati qui tenta les recherches les plus pénibles pour connoître le fond de l'Adriatique. Du temps de Strabon, et même avant lui, la formation des mers et des montagnes étoit le sujet favori des naturalistes, et certes ce sujet n'a rien perdu de son intérêt parmi nous. C'est un de ces problêmes gigantesques de l'histoire colossale du globe sur lequel chaque siécle, muni de toutes les lumières des siécles précédens, vient essayer ses forces. Dans le fond de ces ondes qui nous repoussent au sein des masses qu'elles nous cachent, sommeille ou se dérobe un génie vers lequel un pressentiment irrésistible attire toutes les facultés du nôtre. De là, les rêves de tous les âges; de là cette tradition antique de l'Atlantide; de là, les recherches et les hypothèses des géognostes, sur les révolutions du globe, la formation des mers, des détroits, des archipels; mais qu'on ne pense pas que ces hypothèses soyent les jeux stériles d'imaginations ardentes et déréglées ou les égaremens d'esprits trop subtils. Celui qui le penseroit, trahiroit une ignorance grossière. Toute grande pensée, pour arriver à un grand résultat, doit par prudence tenter plus d'une route. Les erreurs de sa marche, la plupart volontaires, ne sont que les moyens qu'indique la sagesse pour s'assurer de la meilleure. Ce n'est qu'en se métamorphosant plus d'une fois que nos pensées s'épurent et se fortifient. Semblables à l'insecte, il faut qu'elles commencent par ramper, et qu'elles s'enferment ensuite pour un temps dans quelque retraite obscure et vulgaire avant d'aller déployer leurs ailes brillantes dans l'azur des cieux.

On ne sauroit nier que l'invention que M. de Drieberg publie dans ce moment ne soit un grand pas de fait dans la carrière des sciences, ni qu'en multipliant une machine destinée à nous ouvrir le sanctuaire de Thétis, on n'arrive de suite à de grands résultats, et de ces résultats à de nouvelles idées plus grandes encore. On n'a pu jusqu'à présent s'arrêter dans l'abîme pour en prendre les dimensions, parce qu'on n'y portoit d'autre sentiment que l'effroi de s'y trouver et la crainte de n'en pas sortir. Maintenant on y descendra à volonté, on en ressortira de même; on y demeurera avec tous ses sens et la liberté de réfléchir sur les objets nouveaux dont ils seront frappés, ainsi qu'on étudie ailleurs tout autre point de géologie; on ira dans le fond des mers voir si l'Europe tenoit à l'Afrique, l'Angleterre à la France, le Danemarck à la Suède; en quel temps se forma le Bosphore, et l'Archipel; que sont devenues les îles perdues, et sur quelles bases sont établies les nouvelles; on pourra déterminer dans quelles directions se prolongent les chaînes des montagnes sous la mer, ou bien si elles sont interrompues; quelles métamorphoses minérales elles subissent; on connoîtra par là même l'origine, le milieu et la fin de ces grandes ceintures de la terre, si importantes lorsqu'il s'agit de comprendre et d'expliquer l'architecture du globe; on saura quelles sont les couches des montagnes maritimes; si elles font, avec le diamètre de la terre, le même angle que les autres; si elles se suivent dans le même ordre, la même succession et la même proportion; en quoi consistent ces différences; quelles en sont les nuances, et en quoi elles se rapprochent dans leurs propriétés fondamentales: ces données générales, unies à des vestiges de plantes et d'animaux et même à l'absence totale de semblables vestiges, conduiront à des conclusions certaines sur les révolutions du globe. Ces rayons rassemblés en un seul foyer éclaireront enfin la nuit du passé. On pourra décider de ce qui de tout temps appartient à la mer et de ses usurpations, des générations de plantes et d'animaux qui ont disparu de l'ancienne face de la terre, de ses modifications et de l'influence de ces révolutions sur le genre humain. En partant de ce centre de faits bien exactement déterminés, on marchera en tout sens et à volonté dans l'Océan des âges, et l'on rattachera sans peine les événemens principaux qu'on y distinguera aux rapports astronomiques. Notre siécle est trop habitué à tirer tous les résultats possibles des faits qu'on lui présente, pour que je me croye obligé d'indiquer ici les anneaux mitoyens par lesquels mes idées tiennent à toutes les idées reçues, même aux plus éloignées. Par exemple, aurois-je besoin de vanter le secours que tirera la minéralogie de ma découverte? Ceux qui en font leur étude ne savent que trop quelles lacunes interrompent les séries de leurs observations, et combien leur science est loin d'en mériter le nom. Les progrès de la minéralogie assureront ceux de la géognosie et ainsi de suite. Quand on connoît les liens invisibles qui unissent les sciences entre elles, et pour peu qu'on soit au fait de leur histoire, on sait que la découverte d'un seul fossile peut conduire aux découvertes les plus importantes; qu'une seule idée en enfante aussitôt mille autres; qu'il en est de cela comme des nombres où l'addition d'un seul à une série donnée et sa place, le déterminent lui, et tous les autres, avec des modifications à l'infini. Toute découverte dans sa naissance n'est qu'un foible enfant, mais qui se nourrissant avidement du lait de chaque science, à l'instant où il quitte le sein de la dernière, est un Hercule auquel se soumet l'univers.

www.ingramcontent.com/pod-product-compliance
Ingram Content Group UK Ltd.
Pitfield, Milton Keynes, MK11 3LW, UK
UKHW031057260726
13965UKWH00006B/1608